中国儿童科学启蒙伙伴书

学爸实验室

少儿科普教育研究中心 ◆ 主 编

趣味科学
挚爱陪伴！

黑龙江科学技术出版社

写给父亲的话

"许多爸爸在孩子的图画里没有手，为什么？
因为在孩子的记忆里，爸爸像一团影子，总是抓不住。"

——刘墉

如果你已身为人父，请扪心自问：你是如影子一样的父亲吗？

如今，大多数家庭教育的现状是，由母亲这"半边天"撑起了教育孩子的一片天，父亲在家庭育儿中已成为醒目的缺席者。心理学家弗洛姆说："父亲是教育孩子、向孩子指出通往世界之路的人。"教育界也有言：母性教育是一种"根"的教育，目标是使生命滋润、丰满；父性教育是一种"主干"的教育，目标是建立人生的主心骨。父亲在家庭教育中扮演如此重要的角色，却理所当然地被繁忙的工作、频繁的应酬等为家庭生计的奔波忙碌而埋没。在孩子的成长过程中，父亲的陪伴已成为一种奢侈，"爸爸去哪儿了"不只是孩子的心声，更是时代的呼唤。

当父亲的缺席已成为一种习惯，在难得与孩子相处的时候，我能做什么，怎样做更有意义，自然成为许多父亲的困扰。这也是本书编写的初衷。

心理学家格尔迪说："男人较女人来讲，更具有冒险精神、探索精神、宽容精神、求知精神，这些特点会淋漓尽致地体现在对孩子的教育上。"就探索精神和求知欲而言，父亲是少儿科学启蒙教育的不二人选。而《学爸实验室》正是为父亲量身定制的少儿科学启蒙读本。在学爸实验室里，没有深奥的科学原理，没有复杂的操作流程，只需简单的材料，就可以实现神奇的科学效果。即使是手工制作，也充满着创意和科学趣味。每做一个小实验，既是一个有趣的科学游戏，又是一次充满爱的亲子陪伴。

爸爸们，翻开《学爸实验室》，带着你的宝贝，一起开启科学探索之旅吧！

目录
CONTENTS

第一篇　趣味科学

第二篇　生化之谜

第三篇　奇怪的现象

第四篇 创意DIY

第一篇

趣味科学

遇水绽放的花儿

这是一朵神奇的小花，它不用阳光的照射，也不用土壤的滋养，只要有水，它就可以静静地绽放。

 彩色纸（若干）、水彩笔（若干）、剪刀、盆（1个）、水

在彩色纸上用水彩笔画出几朵小花，用剪刀将这些花剪下来。

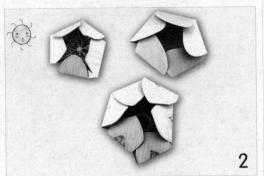

将小花的花瓣部分向中心弯折。

在盆里倒上一些水。

4

将折叠好花瓣的小花放在水面上，静静地等待它们的绽放吧。

5

6

学爸说科学

纸花能在水中盛开，主要得益于"毛细现象"。纸是由纤维制成的，纤维之间的缝隙是极其小的，形成了无数个细小的毛细管。纸张和水接触后，水会迅速地浸润到纸张缝隙中，改变了纸张的张力和形状，纸花就盛开了。

神秘的吸引力

航海规则中规定，两艘大轮船不能近距离同向行驶，你知道这是为什么吗？学爸用下面这个实验告诉你。

实验材料 铅笔（2支）、吸管（1根）、乒乓球（2个）、透明胶带

实验过程

用透明胶带将两支铅笔平行固定在桌上作为轨道，两支铅笔的距离不能超过乒乓球的直径哦。

将两个乒乓球间隔一定距离摆放在轨道上。

用吸管向两个乒乓球中间吹气，你会发现，两个乒乓球被一种神秘的力量吸引，慢慢地互相靠近。

学爸说科学

这个实验运用的就是伯努利效应。流体速度加快时，物体与流体接触的界面上的压力会减小，反之，流体速度减慢时，压力会增加。吸管周围因为气体的流速快，压力就小；乒乓球外侧气体相对流速小，压力大，所以外侧的空气就推着乒乓球往流速大的地方靠近了。

空气搬运工

你能抓住空气吗？空气是一种飘忽不定的东西，看不见摸不着，想抓住它谈何容易啊。下面这个实验，不仅收集到空气，还搬运了空气呢！

实验材料　盆（1个）、塑料杯（2个）、色素（1种）、水

实验过程

1

将水倒入水盆，滴入色素。

将一个塑料杯（标记为 A）倾斜着装满水，倒扣在水盆中（抬起手，杯子不会浮上来）。

2

将另一个塑料杯（标记为B）直接竖直倒扣在水盆中，并用手按住（抬起手，杯子就浮上来了）。

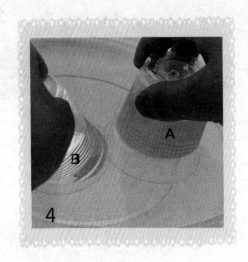

将两个杯子靠近。右手提起A杯（杯口要保持在水面以下哦），左手将B杯倾斜，杯口对准A杯。

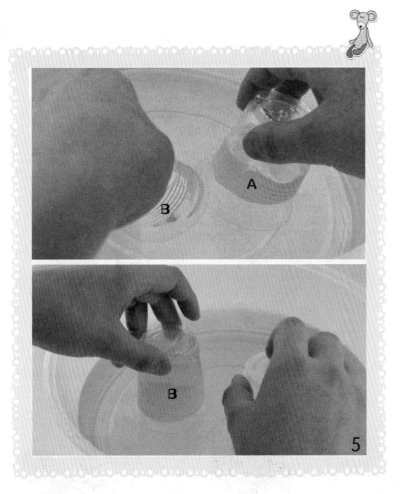

看到了吗？空气咕咕咕地从 B 杯转移到了 A 杯！同时，B 杯中也装满了水。

学爸说科学

这个实验简单说就是利用了空气占有一定空间这一特性。

水 梯

乒乓球落水了，除了用手捞出来，还有什么办法能把乒乓球弄出来？学爸教你制作一个水梯，成功解救乒乓球。

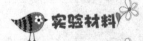
实验材料　水盆（1个）、吸管（1根）、剪刀、泡沫胶带、塑料瓶（1个）、乒乓球（1个）、水

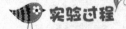
实验过程

1

将塑料瓶的底部剪下，留上部备用。

2

在瓶盖上戳出一个小洞，将吸管插入洞中。用泡沫胶带将瓶盖内洞口边缘堵住，以防漏气。注意：不要堵住吸管口哦。

3

拧上瓶盖，用塑料瓶垂直罩住水中的乒乓球，嘴对住吸管吸气，乒乓球随着水位上升而上升；呼气，乒乓球又随着水位下降而下降，好像坐电梯一样呢！

学爸说科学

　　塑料瓶里充满了空气，通过吸管吸气时，塑料瓶中的空气被吸出，水会进入瓶内，取代原本空气占有的空间；呼气时，空气被吹进瓶内，水位会下降，空气又占据了塑料瓶内的空间。

吸管喷泉

喝完的饮料瓶先不要着急扔，只要动动脑筋动动手，就有无限趣味哦。

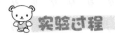 **实验材料** 饮料瓶（1个）、可弯吸管（2根）、水、色素（1种）、橡皮泥

实验过程

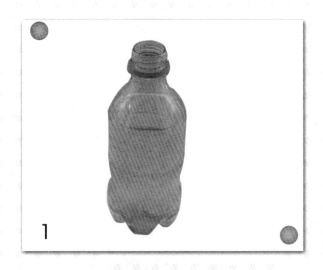

1

往饮料瓶内倒入水（不要倒满），滴入色素。

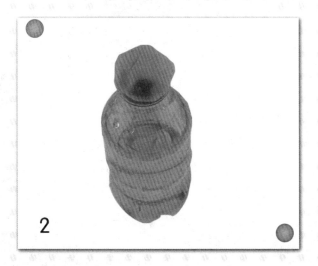

2

用橡皮泥塞住瓶口。

将两根吸管固定在瓶口，一根吸管（如图蓝色）插入水中，另一根吸管（如图绿色）不要碰到水，且将绿色吸管弯折。

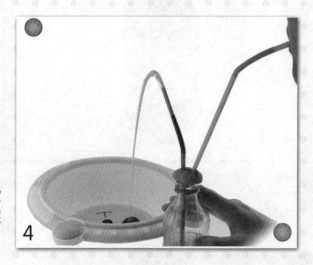

用力向绿色吸管内吹气，水会像喷泉一样从蓝色吸管中喷出来。

学爸说科学

吹气后，瓶内水面上的气压增高了，于是水就被挤入另一根吸管，像喷泉一样喷了出来。

小小潜水艇

小朋友们知道什么是潜水艇吗？潜水艇就是能够在水下运行的舰艇，它也是海军的重要武器呢！

实验材料
塑料瓶（1个）、水、小玻璃瓶（1个，可以用双黄连药瓶）、色素（1种）

实验过程

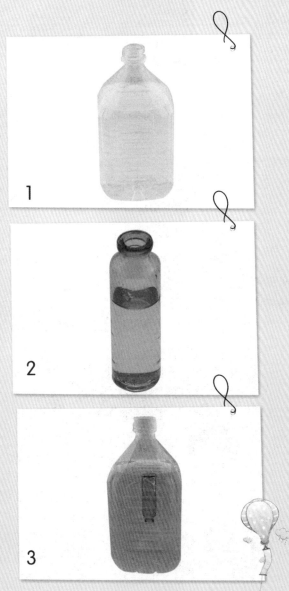

在塑料瓶中倒入约 9/10 体积的水（学爸向水中滴入了色素）。

向小玻璃瓶中倒入约 2/3 体积的水。

将小玻璃瓶迅速倒扣在塑料瓶中，并盖紧瓶盖。注意要保证小玻璃瓶全部浸在水中又浮在水的上部。

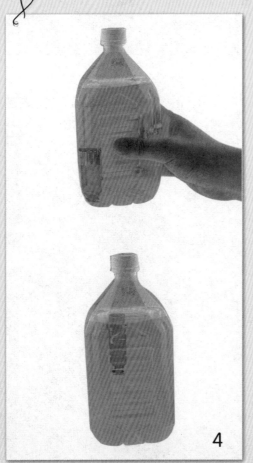

用手挤压塑料瓶，观察小玻璃瓶的情况。你会看到，挤压塑料瓶时，小玻璃瓶会下沉，松开手，小玻璃瓶又上升。

4

学爸说科学

　　实验开始时小玻璃瓶能够浮起来，是因为小玻璃瓶在水中受到的浮力正好等于小玻璃瓶自身的重量加上其中水的重量。挤压塑料瓶，由于压力的作用，小玻璃瓶中的空气被压缩，更多的水进入小玻璃瓶，小玻璃瓶和其中水的总重量大于浮力，所以小玻璃瓶下沉；松开手，压力没有了，小玻璃瓶中的空气恢复原状，因此小玻璃瓶又上升了。这和潜水艇的原理是一样的呢。

旋转飞机

小朋友一定在游乐场玩过旋转小飞机吧？坐在小飞机上的感觉简直太好啦。下面学爸带你做一个旋转气球，就像旋转小飞机一样。

实验材料 气球（1个）、大头针（1个）、橡皮筋（1根）、吸管（2根）

实验过程

1

将气球的颈部用橡皮筋绑在吸管一端，要绑紧哦。

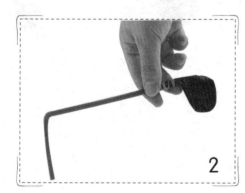

2

将吸管弯曲段弯折下来保持垂直。

3

将大头针垂直扎在吸管中央。

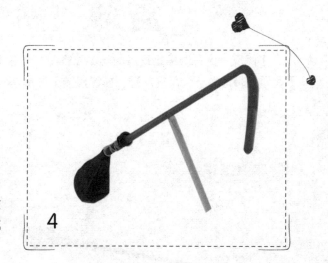

将大头针的一端全部插入另一个吸管中就好了。

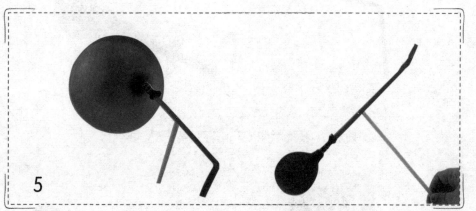

用嘴通过吸管将气球吹起，一定要吹大哦！然后松开嘴，气球立刻旋转起来啦！我们会看到气球越来越小，还会听到喷气的声音呢。

学爸说科学

气体在气球橡胶的弹力作用下从气口喷出时，对气球产生了一个反作用力，使得气球向与气体喷出的相反方向飞行。

气球喷泉

经常在家做实验的小朋友一定都会发现，饮料瓶和气球是科学实验的常客，所以，喝过的饮料瓶一定不要轻易丢掉哦。

色素（1种）、水、塑料瓶（1个）、气球（1个）、泡沫胶带、剪刀、大头针（1个）

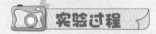

1

将气球固定于塑料瓶上。

2

用力吹气球。咦？好像不管
怎么努力，都无法将气球吹大。

15

3

用大头针在塑料瓶身上扎一个小孔。

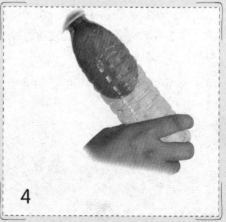

4

再吹一次气球试试，虽然也很费力，但还是可以将气球吹大的。

5

剪一块泡沫胶带，在将气球吹到最大时，用胶带覆盖住小孔，一定不要漏气哦。

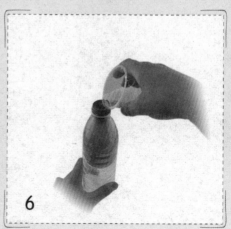

6

把水倒入气球中（为了效果更明显，学爸向水里加了色素）。

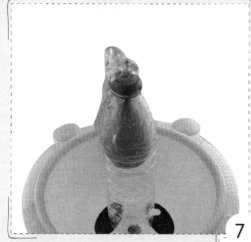

一鼓作气，把泡沫胶带取下，你会看到，一股水柱从气球中喷了出来，好像喷泉啊。

7

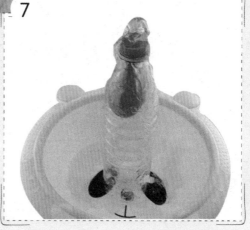

PS：实验最后将喷出大量水，可以事先在瓶子下放置一个容器接水。

学爸说科学

瓶内本来有大气压，当向气球吹气时，气球内气压增强，但同时因为气球变大，导致瓶内空气体积减小，造成瓶内空气的气压也增大。所以气球内外压强始终相等，故无法将气球吹大。当扎了个小孔后，瓶内空气通过小孔"跑"出去了，因此就可以轻易将气球吹大了。向气球内灌水后，气球内的压强减小，当揭开胶带，因外界压强更大，空气被推回瓶内，水就被顶出来了。

　　小朋友们都玩过跷跷板吧，两个人一起玩，一上一下很有趣。利用跷跷板的原理，可以做很多有趣的实验呢。

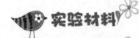

塑料杯（2个）、硬板（1条）、圆柱形物体（1个）、双面胶、胶带、水

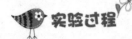

将圆柱形物体用胶带固定在桌面上。

找一块硬板（长一些的更好，可以是长格尺），用双面胶将硬板粘在圆柱形物体上。跷跷板的雏形已经有了！

18

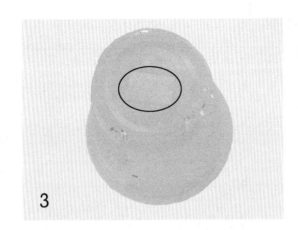

将两个塑料杯底部粘贴上双面胶。

3

4

将两个杯子分别固定在硬板的两端。

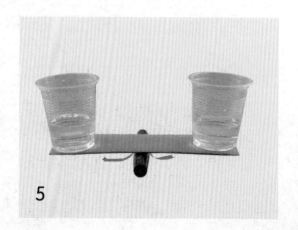

5

往两个杯子里倒水（要缓慢倒哦），直到跷跷板平衡。

把手指伸入其中的一个杯子中（不要碰到杯底），哇咔咔，跷跷板的平衡被打破了。手指伸入哪边的杯子中，哪边的杯子就往下坠呢。

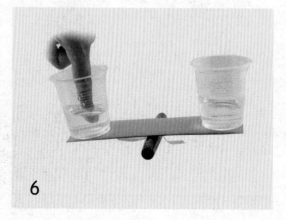

6

学爸说科学

　　本实验利用了浮力的原理。手指伸入水中，手指受到了水向上的浮力，同时手指的力也传递到跷跷板，因此跷跷板就上下振动起来。

虹吸管的秘密

用吸管喝纸盒包装的牛奶，有时吸了一口，嘴离开吸管，可牛奶还是从吸管流出来，你知道这是为什么吗？

实验材料 可弯吸管（2根）、高脚杯（大·小·各一个）、剪刀、胶带、色素（1种）、水

实验过程

把两根可弯吸管短的一端连接在一起，成为一个U形管。连接的地方用胶带缠好，防止漏气。

将两个高脚杯并排放好，在大的高脚杯里装满水，加入色素搅拌均匀。（一定是有水的杯子比没有水的杯子高一些哦。）

把U形管开口朝上放在水龙头下，让吸管里充满水。按住U形管两端的开口，把U形管翻转过来，将U形管的一端插入装满彩色水的高脚杯里，另外一端仍然用手指堵住伸入另一个空高脚杯里。

松开手指，你看到了什么？水由大的高脚杯流向小的高脚杯，直到两个杯子水面高度相同时才停止流动。

学爸说科学

虹吸管是利用水柱的压力差，使水上升后再流向更低处。由于两个吸管口水面承受不同的大气压力，水会由压力大的一边流向压力小的一边，直到两边的大气压力相等，当杯子的水面变成相同的高度时，水就停止流动。

旋转水车

小朋友都坐过旋转木马吧。坐在旋转木马上看世界，别有一番趣味呢。下面我们就来自己制作一个旋转水车吧。

实验材料 可弯吸管（2根）、剪刀、绳子（1根）、泡沫胶带（或者胶水）、塑料瓶（1个）、大头针（1个）、色素（1种）、水

实验过程

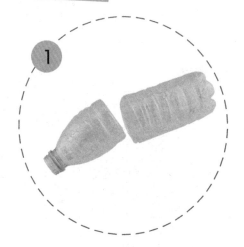

1

先把塑料瓶从瓶身的中间部分剪开。

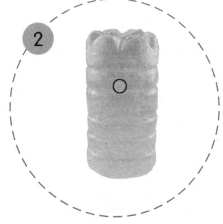

2

用剪刀在距离瓶底 2～3cm 处钻两个相对的洞（两个洞尽量对称），洞的大小尽量与吸管直径一样大。

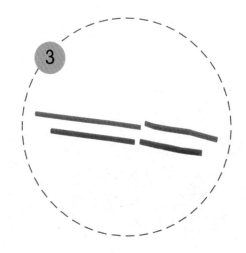

3

将两根吸管的弯头部分剪断（距离可弯折部分 2～3cm 处剪开）。

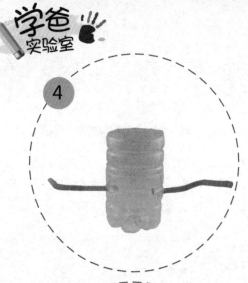

4

把吸管可弯的一端留在瓶外，另一端插进洞里，然后用泡沫胶带在内侧粘好。

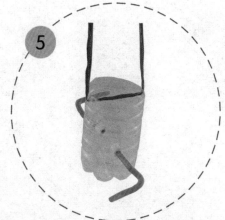

5

将吸管可弯处水平弯折呈 90°，两根吸管弯折的方向要相反哦。用大头针在瓶口边缘扎两个相对的小孔，用绳子穿过两个小孔后系上即可。

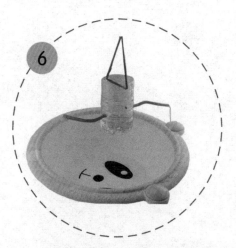

6

向瓶中倒水（学爸向水中滴入了色素），将瓶子提起，快看，瓶子一边旋转一边洒水啦。

学爸说科学

瓶中水有重量且能够流动，会对瓶底及侧壁形成一定压力，迫使水通过塑料瓶侧面的 2 根吸管流出来。由于 2 根吸管弯折成了直角，方向正好相反，所以塑料瓶在流出的水的反作用力下开始转动。

彩色桥

面巾纸的吸水性是毋庸置疑的，下面我们就利用它的这一特点架一座彩色桥吧。

 实验材料　　面巾纸（4张）、色素（3种）、透明杯子（5个）、水

实验过程

1

将5个杯子并排摆好，然后在第1，3，5号杯子里倒入水并分别滴入色素。

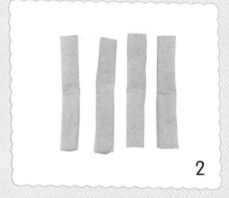

2

将面巾纸折叠成长条状。

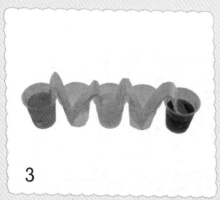

3

将折好的面巾纸的一端插在有颜色水的杯子里，另一端插在空杯子里。

4

我们看到，面巾纸放到水里后，颜色就顺着纸巾快速地往上蔓延，不一会儿就跑到纸巾的弯折处。

接下来，我们就静静等待吧！

1小时后，面巾纸基本被浸透。

5

2小时后，每个杯子里都有水，面巾纸则变成了漂亮的彩带。

6

学爸说科学

这个实验原理比较简单，就是毛细现象。回顾下前面的实验"遇水绽放的花儿"，是一样的原理哦。

若即若离的气球

两个小气球，一会儿吸引，一会儿分开，这到底是怎么一回事？

实验材料 气球（2个）、棉线（2段）

实验过程

把两个气球吹大后，各自系上棉线，让其自然下垂。

把手放在两个气球中间，两个气球没有变化。

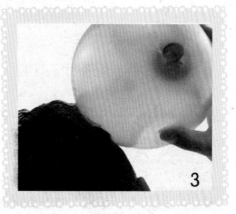

将两个气球同时放在头发上摩擦。

让摩擦过的两个气球再同时自然下垂，这时，两个气球还是我行我素。

把手放在两个气球中间，看，两个气球都被手吸引了。

学爸说科学

通过摩擦，两个气球都带上了负电荷，由于同性相斥，两个气球相互排斥；如果把手放在它们之间，阻断了电荷的排斥，气球就会马上相互靠近。

牙签变身术

当牙签遇到水，会发生什么变化呢？

实验材料　　牙签（5 根）、盘子（1 个）、水、色素（1 种）

实验过程

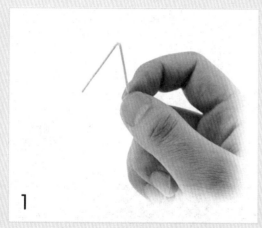

1

将 5 根牙签均折成 V 形，中间不要折断哦。

取一个盘子，将 5 根弯折后的牙签两端向外、弯折处向内在盘子内摆成一个圆圈，中间要留有一定的空隙。

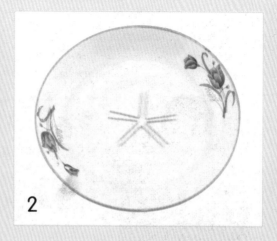

2

3

在中间留出的圆圈内滴入少许水（为了突出效果，学爸滴入了色素），覆盖所有牙签弯折处即可。（最好用注射器注水，否则水容易倒多。）

接下来，你会发现，所有牙签都慢慢地伸展开来，最终形成了一个五角星。

4

学爸说科学

牙签弯折处遇水后会吸水，折弯的牙签会倾向于重新伸直，再加上水的表面张力，就导致了牙签的运动。而由于造型的限制，牙签在运动到两两相互接触时便不再运动了，于是就形成了五角星。

第二篇

生化之谜

橙子皮的"爆脾气"

橙子皮的汁液竟然让气球爆了！还能喷火！！小小橙子皮，竟有如此爆脾气！！！

实验材料　新鲜橙子（1个）、气球（1个）、蜡烛（1根）、打火机

实验过程

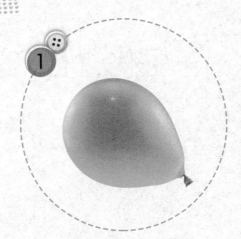

将气球吹大，并扎紧口。

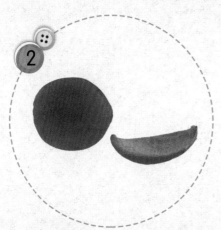

取一块橙子皮。

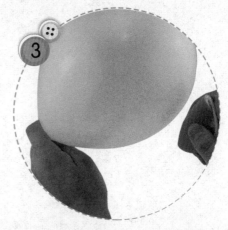

对着气球挤压橙子皮，做好准备哦。

橙子皮的汁液喷到气球表面后，气球顿时爆了！

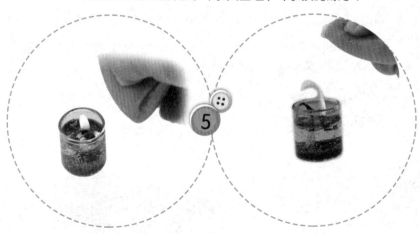

点燃蜡烛，将橙子皮的汁液喷向蜡烛。橙子皮喷出的汁液居然可以燃烧！

学爸说科学

分子聚合物吸收有机溶剂而面积增大的现象叫溶胀。橙子的外皮有油胞组织，其中含有多种挥发油，包括柠檬烯等有机溶剂。这些溶剂喷射到气球表面后，就会迅速渗入橡胶中，使橡胶溶胀和软化。气球表面的张力本来稳定而均匀，溶胀破坏了橡胶分子间的结构和应力平衡，气球就会爆裂。

橙子外皮中所含的挥发油具有可燃性，因此能被点燃。

当白醋遇上小苏打

之"泡沫火山"

火山喷发，这可不是轻易能看到的啊。也许我们无法目睹火山喷发的震撼，那就体验一下泡沫火山的趣味吧。

实验材料 白醋、洗洁精、小苏打、盘子（1个）、色素（2种）、杯子（2个）

实验过程

向两个杯中各倒入半杯白醋。

1

分别向两个杯子里滴入不同颜色的色素。

2

再向两个杯中各加入4～5滴洗洁精，搅拌均匀。

3

34

快速往两个杯中各加入
1～2勺小苏打!

4

神奇的一幕发生了,两个杯
中快速产生气泡,仿佛是火山喷
发啊!

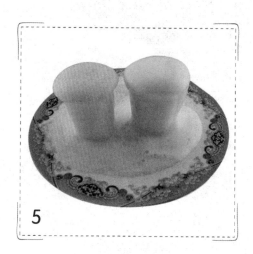

5

学爸说科学

白醋是酸性物质,和小苏打混合能生成二氧化碳,而
加入洗洁精则会使泡沫更加丰富。

当白醋遇上小苏打
★☆★☆★之"自己胀大的气球"

实验材料 气球（1个）、小苏打、白醋、饮料瓶（1个）、纸（1张）

实验过程

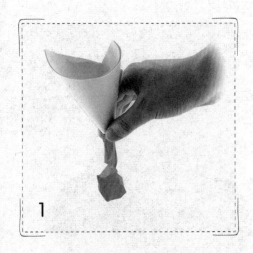

1

将一张纸折成漏斗形状，放到气球口上。

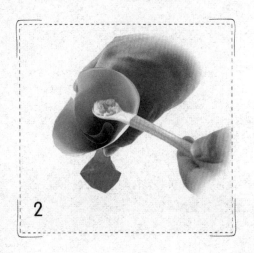

2

通过漏斗往气球里加入一勺小苏打。

往饮料瓶里倒入白醋，大约是瓶子容量的 1/3。

把气球套在饮料瓶瓶口上（这一步要小心操作哦，先不要让小苏打掉入瓶中）。

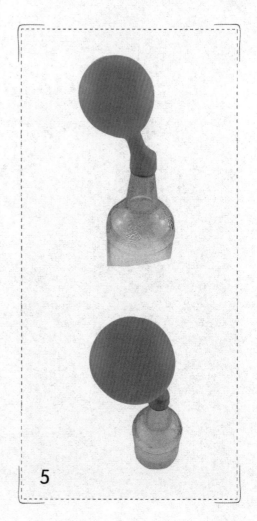

5

将气球里的小苏打快速倒入瓶中，快看，气球被慢慢吹大啦。

学爸说科学

白醋和小苏打反应产生的二氧化碳气体使气球胀大了。

当白醋遇上小苏打

☆☆☆☆☆之〝熄灭蜡烛不用吹〞

小朋友们一定吹过生日蜡烛吧，有没有不用嘴吹气就将蜡烛熄灭的方法呢？下面就教你一个。

实验材料 白醋、小苏打、玻璃杯（1个）、蜡烛（1根）、打火机

实验过程

用蜡油将蜡烛固定在玻璃杯中。

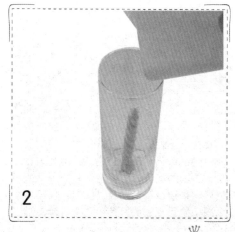

将小苏打撒在蜡烛的四周。

点燃蜡烛。

39

4

沿玻璃杯的边缘倒入一些白醋（一定不要碰到蜡烛哦）。

5

你会看到，伴随着"咝咝"的声音和醋中产生的气泡，蜡烛熄灭了！

学爸·说科学

　　物质燃烧必须同时满足三个条件：可燃物、助燃物、达到燃烧的温度。蜡烛就是可燃物，空气中的氧气就是助燃物，而火焰的温度就是可燃烧的温度。小苏打与白醋经过化学反应会生成二氧化碳，二氧化碳隔绝了周围的氧气，阻止氧气参与蜡烛的燃烧，这就使可燃物缺少了助燃物，同时，在小苏打与白醋反应产生二氧化碳的过程中，会吸收周围的热量使燃烧的温度降低，这就使蜡烛熄灭了。

可以吃的蜡烛

香蕉和薯片，都很好吃，二者搭配还可以制作蜡烛呢。你一定很好奇，那就一起动手试试吧。

实验材料 香蕉（1根）、薯片（1片）、水果刀、打火机、玻璃杯（1个）

实验过程

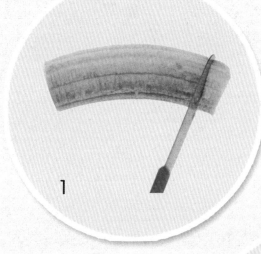

用水果刀切去香蕉的两端（不要切得太短，要切得平整一点哦）。切下来的部分也别浪费，直接吃掉吧。

把切好的香蕉放到玻璃杯中，香蕉一定要露出杯子才行哦。

将薯片小心地掰成一个长条，这就是蜡烛的烛芯啦。

3

4

把"烛芯"插到香蕉上。

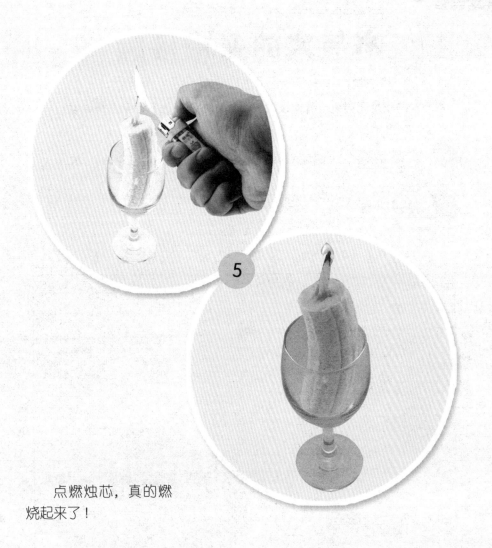

5

点燃烛芯，真的燃
烧起来了！

学爸说科学

　　薯片是用土豆做的，主要成分是淀粉，在加工
过程中又加入了食用油，这两种东西都是可燃物。

水与火的亲密接触

水与火向来是死对头，有你没我，用什么方法能让它们亲密接触呢？

 **实验材料**　　蜡烛（1 根）、玻璃碗（1 个）、打火机、水

 **实验过程**

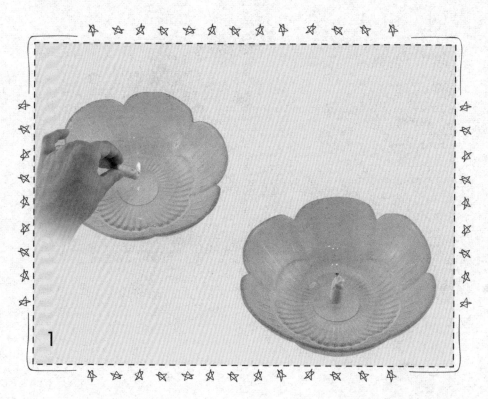

1

点燃蜡烛，用蜡油将蜡烛固定在玻璃碗中央，随后吹灭蜡烛（蜡烛不能高于玻璃碗）。

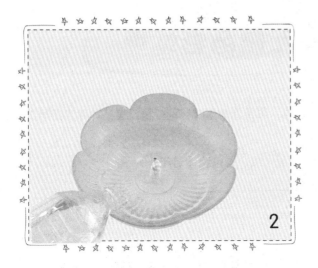

向玻璃碗中倒水，直到烛芯的底部，千万不要没过烛芯哦。

2

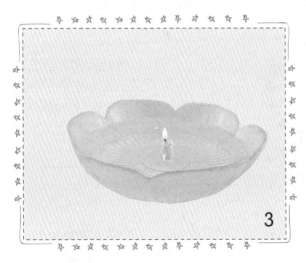

点燃蜡烛。随着蜡烛燃烧，你会发现，火苗慢慢陷入水下，蜡烛在水中燃烧呢。（最终的结果很难用照片来体现，只能大家通过实际操作去验证喽。）

3

学爸说科学

将蜡烛点燃后，温度上升慢慢熔化成蜡油，蜡油遇到凉水后马上冷却凝固，将水和火焰隔绝开来，随着蜡烛不断往下燃烧，就出现了蜡烛在水中燃烧的景象。

魅力无限的彩虹糖

五颜六色的彩虹糖好看又好吃，可是你知道吗？彩虹糖还有这种有趣的玩法！

 盘子（1个）、水、彩虹糖（若干）

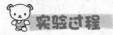

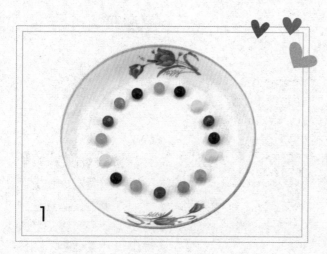

1

将彩虹糖均匀地摆放在盘子上（盘子要是平的哦），排成一个圆圈。

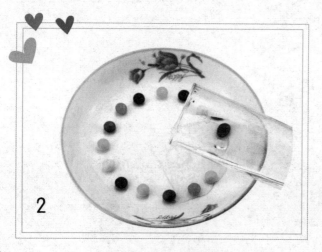

2

往盘子里倒入少许水（不要没过彩虹糖），耐心等待奇迹发生吧。

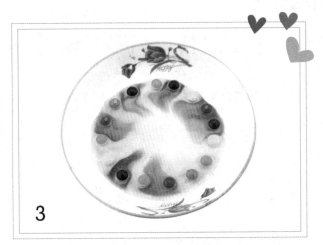

彩虹糖在盘中溶化成彩色的圆圈，在溶化的过程中，相邻的两种颜色不会混合。

3

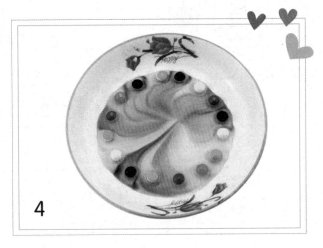

15 分钟后，就出现了如此炫彩的效果，是不是很漂亮？

4

学爸说科学

在彩虹糖的附近，水会形成浓度比较大的糖水溶液，导致密度增加。高浓度的糖水不会静止在原地，而会"下落"，并向各个方向扩散。在该实验中，糖水在别的方向上都受到了阻碍，只有向中心的方向能够顺利地延伸下去。

小小吸管力量大

一根吸管能有多大力量呢？它可以扎穿硬邦邦的土豆，你相信吗？

实验材料 土豆（1个）、吸管（1根，硬一点的）、
水果刀

实验过程

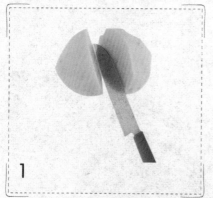

1

将土豆洗净去皮（不去皮
也可以），切成两半。

2

用吸管来戳土豆，啊哦，吸
管弯了，土豆毫发无损。

用大拇指堵住吸管的一头，快
速戳向土豆。土豆被吸管穿透了！

3

学爸说科学

用拇指堵住吸管的一端迅速戳入土豆时，吸管内的空
气体积随着吸管戳进土豆而瞬间变小，对周围的压强增大，
使吸管变硬，所以吸管就穿过土豆了！不难推出，当吸管
穿过土豆时，吸管内一定有一些土豆。

茶包火箭

茶包和火箭，貌似风马牛不相及的两种事物，它们之间会有什么联系呢？

 打火机、剪刀、茶包（1个）、盘子（1个）

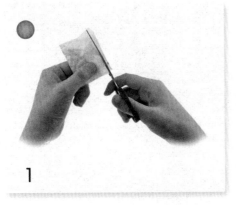

将茶包的两端剪开，倒出里面的茶叶。

将茶包摊开后卷成筒状，立在盘子上，像不像待发射的火箭？

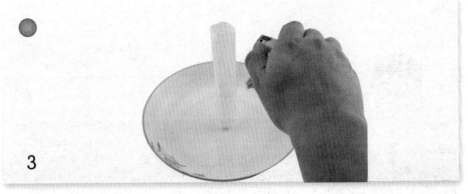

点燃茶包的上端。

49

4

你会发现，茶包慢慢燃烧，到最后，茶包向上飞起来了，好像火箭发射呀。

LOVE YOU

学爸说科学

当点燃茶包后，火焰上方的空气温度升高，体积膨胀，密度变小，对茶包向下的压力也随之减小。而茶包下方的空气温度没变，密度也没变，所以对茶包向上的压力就不变。最终茶包的上下方形成了压力差，待茶包质量减小到一定程度时，下方的空气就将茶包推向了高空。

蜡烛的 "吸水大法"

蜡烛吸水？怎么可能，蜡烛应该最怕水呀。在学爸实验室里，没有什么是不可能的哦。

实验材料 蜡烛（1根）、打火机、盘子（1个）、透明玻璃杯（1个）、色素（1种）、水

实验过程

用蜡油将蜡烛固定在盘子中央并点燃，向盘子里倒入水。

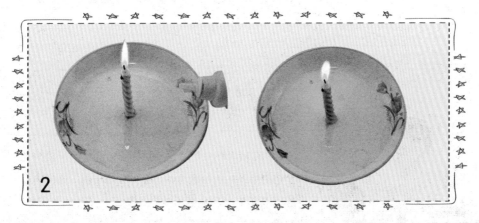

往水中滴入几滴色素（这一步只是为了增强效果）。

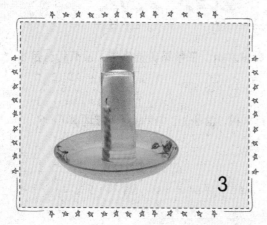

3

将透明玻璃杯倒扣在蜡烛上。你看到了什么？蜡烛熄灭，水位上升，看起来像是蜡烛把水"吸"起来一样。

PS：如果玻璃杯和盘子结合得比较紧密，水不能顺利地进入玻璃杯，可以用硬币将玻璃杯稍微垫高一点。

学爸说科学

蜡烛在玻璃杯中燃烧会消耗杯子中的氧气。同时蜡烛燃烧时所产生的二氧化碳也会部分溶于水，这样杯子中的气压会随之降低。杯子中的气压低，杯子外的气压高，因此盘中的水在外部气压的作用下，会被"挤"入玻璃杯中，从而水位升高。

油水和解

当油遇到水，会是什么情景？哦，它俩谁也不理谁，界限分明得很。有什么办法让它们和解呢？

实验材料　玻璃杯（1个）、油、水、洗衣粉、色素（1种）

实验过程

1

向玻璃杯中倒入半杯清水，滴入色素，将水变成你想要的颜色，效果会更好呢。当然，不加色素也可以。

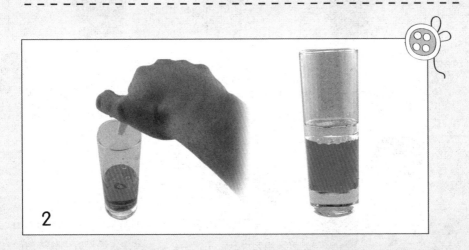

2

倒入一些油，可以看到，油和水的界限分明得很呢。

3

往杯中加入一勺洗衣粉，也可以用其他洗涤剂。

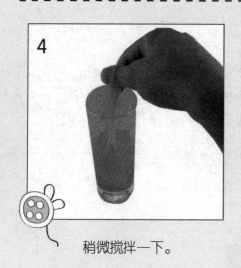

4

稍微搅拌一下。

5

神奇的一幕发生了，油和水融为一体啦！学爸居然有一干而尽的冲动呢。

学爸说科学

洗衣粉（或洗涤剂）具有乳化作用，能把油滴包围起来均匀地分散在水中，这也是洗衣粉可以去除污渍的原因。

酷炫 熔岩 灯

熔岩灯曾是风靡全球的室内摆设，神奇的光影移动变幻就好像熔岩流动一样。你是否想拥有这样一盏熔岩灯呢？自己动手吧！

 **实验材料** 玻璃瓶（1个）、泡腾片（1片）、色素（1种）、食用油、水、光源

实验过程

向玻璃瓶里倒入一些水，然后滴入色素，将水变成喜欢的颜色。

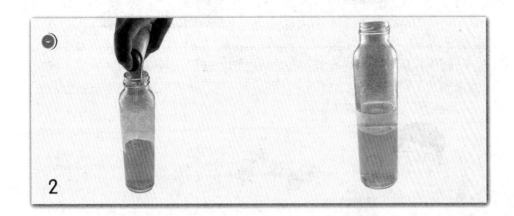

向瓶中倒入食用油，静置片刻，让水油分层。

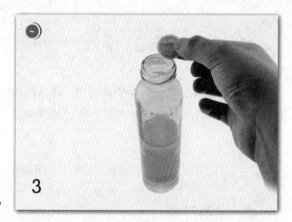

向瓶中放入一片泡腾片。

将手机或手电筒等光源放在瓶底，你会发现，泡腾片沉入水里，放出大量气泡，下层的彩色水会随之浮到上层，之后又落下来。这就是熔岩灯啦，在夜晚会看到更美丽的效果哦！

学爸说科学

泡腾片遇水产生的大量气泡，会把下面的水带到上面。但是由于水的密度比油大，两者不相溶，于是水又落下来，就形成了这种奇妙的效果。

56

一封情报

原本透明的纸上，一烘烤就出现了字迹，这是谍战剧里常有的桥段。小朋友是否幻想过自己是一名特工？那就一定要掌握写情报的方法哦！

 **实验材料** 　柠檬（1 个）、白纸（1 张）、盛水容器（1 个）、水果刀、棉签（1 个）、蜡烛（1 根）、打火机

 **实验过程**

1

将柠檬切成两半。

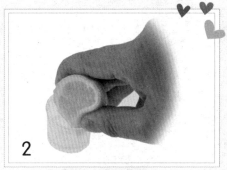

2

用力挤出柠檬汁，滴在容器中。

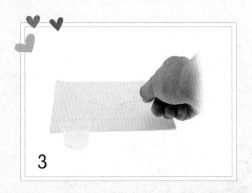

3

用棉签蘸取柠檬汁在白纸上写字或绘制图案，写完后，还是一张白纸。

4

点燃一根蜡烛，将纸放在蜡烛上方烘烤。这一步很容易把纸点燃，一定不要长时间固定在一个位置烘烤哦。

5

烘烤后，你所写的字或绘制的图案就慢慢地在纸上呈现了。

学爸说科学

柠檬汁里含有柠檬酸，在空气中容易被氧化。用蜡烛烘烤，能加快氧化反应的进程。而氧化反应的产物是褐色的，于是之前书写的内容就呈现在眼前了。

硬币换新颜

我们的家中都有不少旧的发黑的硬币吧，这样的硬币是否让你看着不舒服呢？让我们给它洗白白吧！

实验材料 白醋、硬币（1个，越旧越黑越好）、玻璃杯（1个）、抹布

实验过程

先看看这枚又黑又旧的硬币吧。

向玻璃杯中倒入一些白醋，将硬币放入杯中，使其浸没在白醋中。

静置两个小时左右后，将硬币取出来用抹布擦干净。

硬币居然焕然一新了！

学爸说科学

　　硬币之所以会发黑，是因为硬币与空气接触而在表面生成了黑色氧化物。醋所含的醋酸和氨基酸可以与氧化物发生反应，除去氧化物，因此硬币就换新颜了。

小纸巾的"洪荒之力"

水能打湿纸，火能将纸点燃，这是所有人都毫无异议的。然而，世界上就存在这样两种纸，一种不能被水浸湿，一种不能被火点燃，你相信吗？

不能燃烧的纸

实验材料 　纸巾（1张）、玻璃杯（1个）、打火机、镊子（1个，或筷子）、
酒精、水

实验过程

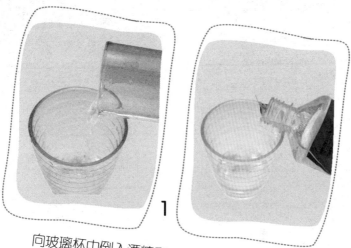

1

向玻璃杯中倒入酒精和水（酒精的量稍多于水）。

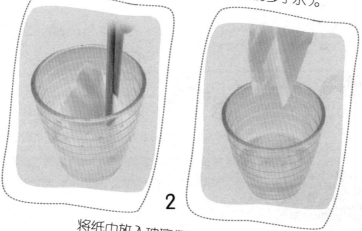

2

将纸巾放入玻璃杯中浸湿。

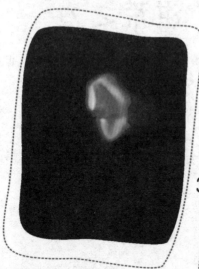

3

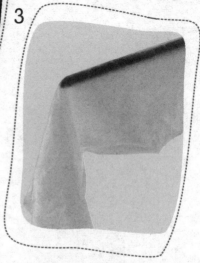

点燃浸湿的纸巾……咦？火苗是蓝色的！火苗自动熄灭后，你发现了什么？——纸巾完好无损，没有被烧坏。

学爸说科学

　　当点燃浸过酒精和水的混合液的纸巾时，我们看到的蓝色火焰实际上是纸巾中的酒精燃烧产生的，而纸巾里的水在加热时蒸发吸热，使纸巾的温度低于着火点，所以纸巾不会燃烧。

不能浸湿的纸

纸巾（1 张）、玻璃杯（1 个）、水盆（1 个）、水

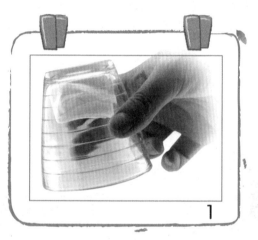

将纸巾放在玻璃杯底部，倒扣过来（倒扣玻璃杯时要保证纸巾不会掉出来）。

倒入半盆水（盆中水的深度最好大于玻璃杯的高度），将玻璃杯垂直倒扣在水中。

按住玻璃杯。

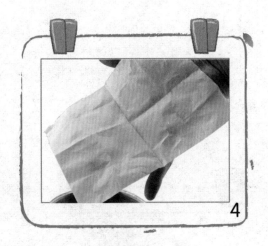

片刻后，将玻璃杯拿出来，取出纸巾，你会发现，纸巾干爽如初，没有被浸湿。

学爸说科学

玻璃杯里面有空气，当杯口朝下垂直插入水中时，杯子里的空气压力会阻止水进入杯中，所以纸巾不会被浸湿。

第三篇

奇怪的现象

颠倒世界，只需要一个杯子

什么样的杯子可以颠倒世界？你一定很好奇吧。下面我们就来一起见证奇迹。

 实验材料 深颜色背景（纸板、墙面均可）、玻璃杯（1个，透明度好，上下一样粗）、白纸（1张）、记号笔（1支或2支）、水

 **实验过程**

1

用记号笔在白纸上画两个同一个方向的箭头。

将画好箭头的纸立在背景前，将玻璃杯放在纸的前面，这时，透过玻璃杯能清楚地看到箭头。

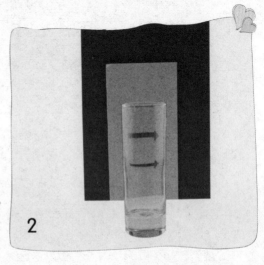

2

向玻璃杯中缓慢倒入清水。

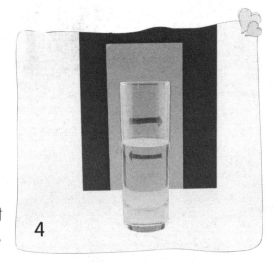

接下来就是见证奇迹的时刻！当水位处在两个箭头之间时，下面的箭头方向反转了！

学爸说科学

　　玻璃杯里加水之后，就成了一个柱面镜，它的折射角度非常大，能让箭头左边发出的光折射到右边，右边发出的光折射到左边，于是就能看到左右颠倒的箭头了。

呼啸的气球

摇晃气球有声音？这是怎么回事？只需要一个小物件，就能让气球呼啸起来。

实验材料 六角螺母（1个）、气球（1个）、打气筒

实验过程

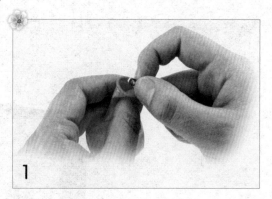

1

把六角螺母放到气球里。

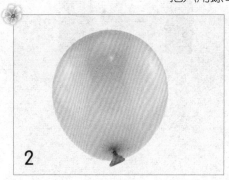

2

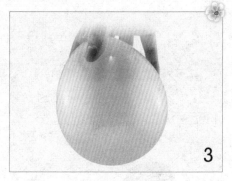

3

给气球打气（或者吹气），不需要吹太大，扎紧口。

顺时针或者逆时针旋转气球（轻轻旋转即可）。听见没？气球在呼啸呢！

学爸说科学

　　螺母是六边形结构，在气球内部滚动的时候，螺母的每一边会连续撞击气球产生振动，同时带动气球周围的空气振动，所以就发出了"呜呜"的声音。

空气大力士

空气，看不见也摸不着，可它却是大力士。它的力量有多大呢？

实验材料

纸巾（1张）、蜡烛（1根）、塑料板（1块）、玻璃杯（1个）、打火机、水

实验过程

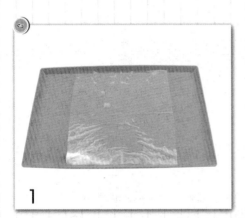

1

把纸巾铺在塑料板上，倒少许水然后抹平。

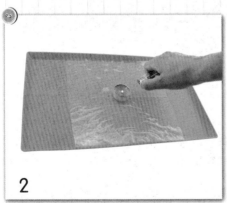

2

将蜡烛放到塑料板中间，点燃蜡烛。

3

把玻璃杯倒扣过来，平稳地罩上蜡烛。

4

蜡烛在杯子里燃烧，会持续发出"咝咝"的声音。

5

6

等到没有声音发出（从蜡烛熄灭到没有声音，可能要持续1分钟左右）时，试着提起玻璃杯，你会看到：塑料板也被一起提了起来！

仔细观察，杯子里的纸巾很明显地向上凸起了。

学爸说科学

蜡烛在玻璃杯中燃烧，玻璃杯中的氧气被消耗殆尽。这时杯子里面的压力变小，杯子外面的压力就相对变大了。于是，外面的空气就想挤到杯子里面，这个力很大，会把塑料板连同纸巾都推向杯子，所以杯子在大气压的作用下就像吸盘一样把塑料板吸住了。

冷水与热水

这是什么情况？冷水、热水,同样是水,居然不相溶!

实验材料 玻璃瓶(2个, 完全一样的)、扑克牌(1张)、色素(2种)、水(冷、热)

实验过程

向一个玻璃瓶中倒满冷水，滴入一种颜色的色素（学爸滴入了黄色色素）。

向另一个玻璃瓶中倒满热水，滴入另一种颜色的色素（学爸滴入了蓝色色素）。

用一张扑克牌盖住热水瓶的瓶口，然后倒扣在冷水瓶上，瓶口对齐后抽出扑克牌。（倒扣的过程中难免会漏点水，为了保持卫生，可以放个盘子在下面接水哦。）

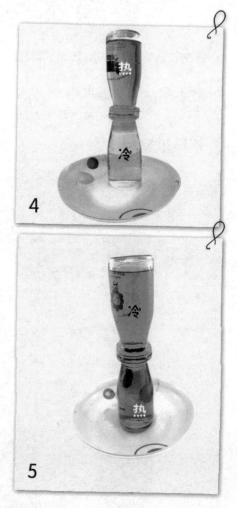

你会发现，冷热水居然没有相溶！

4

用同样的方法将一瓶冷水倒扣在一瓶热水上。你会发现，冷热水很快就混合了。你还会知道，原来蓝色和黄色混合后是绿色！

5

学爸·说科学

只要物质间存在温度差，就会发生热传递。热传递有三种形式：传导、对流、辐射，通常三种形式同时发生。实验中两组玻璃瓶，热水密度小，冷水密度大。当冷水在下热水在上时，不发生对流，瓶中的热传递以冷热界面上的热传导为主。由于水不是热的良导体，因此传导速度慢。如果是热水在下冷水在上，就会形成对流，使上下瓶中的冷热水很快交融在一起，达到热平衡。

魔力回形针

回形针的用途很多，小巧又能干，还能用来变魔术呢。

实验材料　纸（1张）、回形针（2个）

实验过程

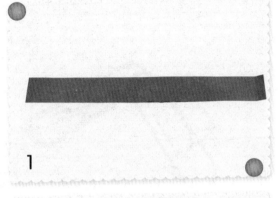

裁一个纸条，纸条宽度与回形针长度差不多即可。

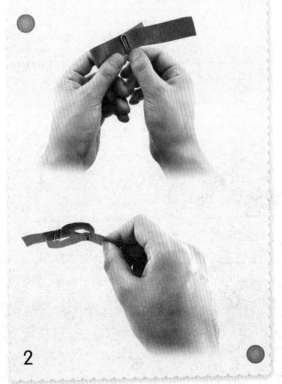

将纸条弯成S形，并用回形针固定。

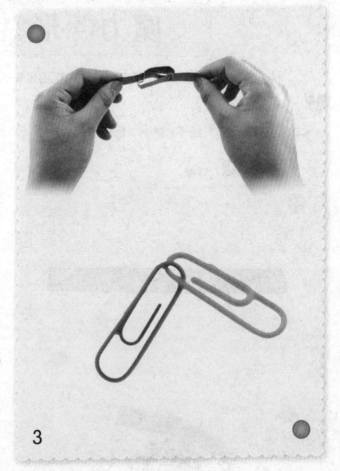

3

快速拉动纸条的两端，回形针飞出，落地后你会发现，它们竟然是串在一起的！

学爸说科学

拉动纸条两端，两个回形针会随之滑到一起，这时，回形针还别在纸上。如果再拉住纸条两端用力一扯，纸条产生的剧烈振动会使原本别紧的回形针在一瞬间张开微小的缝隙，两个回形针顺势串在一起，并且借助纸条振动产生的弹力向外飞去。

气球糖葫芦

竹签穿过气球，气球却完好？试试看吧。

 实验材料 竹签（1根）、气球（2个）

 实验过程

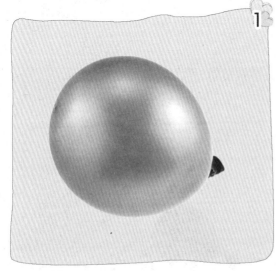

1

给气球吹气（不要吹太大哦），扎紧气球口。

2

选择气球口对面的位置，缓慢转动（一定要缓慢哦！）竹签穿透气球。

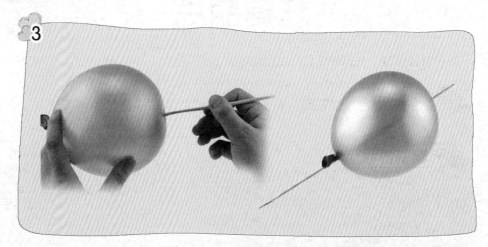

从另一端小心穿出，你会发现，气球没有爆裂！

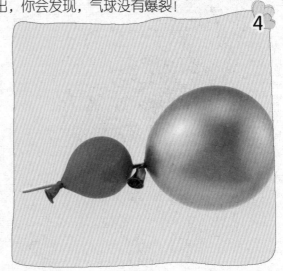

掌握技巧后，就再穿一个
气球，做个糖葫芦吧。

学爸说科学

制造气球的橡胶是具有弹性的高分子聚合物，气球在吹大的过程中，橡胶被拉伸，但各部位的拉伸程度是不同的。气球中间部分拉伸程度大，系口端和其相对端的拉伸程度最小。用竹签穿过系口端附近时，这里的橡胶收缩力大，能使气球被刺入处和竹签紧密吻合而不漏气，因此气球就不会爆。

熊出没，小心！

你一定看到过水中弯折的筷子、空中美丽的彩虹、夜色中美丽的剪影……这都是光在变魔术。下面还是有请"光"给我们变个魔术吧。

 自封袋（1个）、卡纸（1张，略小于自封袋）、记号笔（1支）、水盆（1个，深度较大的）、水

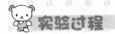

在卡纸上画出一只可爱的小熊。

 将卡纸装入自封袋。

用记号笔在自封袋上描画出小熊的头部（不要描画身体哦）。

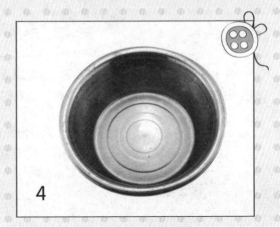

4

准备一盆清水。

5

将自封袋浸入水中，咦？小
熊的下半身不见了，只剩头部了。
（观看角度很重要哦！）

学爸·说科学

　　这一神奇的现象与光的折射和反射有关。当我们把
自封袋放入水中后，卡纸和自封袋之间有一层薄薄的空
气，射入卡纸上的小熊的光线经过空气和水后发生全反
射，不能射入我们眼睛里，所以看不见，只有自封袋外
面的经水折射后的光线可传入我们的眼睛，所以我们只
能看见小熊的头部喽。

四两拨千斤

四两拨千斤，那可是顺势借力、以弱胜强的太极功夫，学爸也来练练高深的中国功夫。

实验材料 胶带（1卷）、塑料瓶（1个）、绳（1根）、吸管（1根，硬一点的）、色素（1种）、水

实验过程

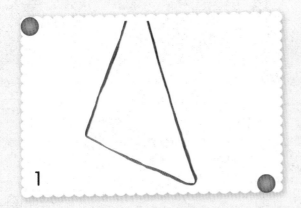

1

将绳穿过吸管。

2

向塑料瓶中倒入半瓶水（为了看得清楚，学爸向水中滴入了色素），将绳的一端系在塑料瓶上，另一端系在胶带上，都要系牢哦！

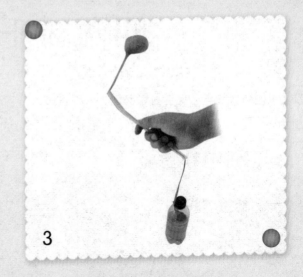

3

手拿吸管，用力使胶带旋转起来，随着胶带的旋转，塑料瓶慢慢被拉起来啦。

4

其实，只要一轻一重两个物体就可以完成这个实验啦，不一定要和学爸的一样哦。

学爸说科学

物体转动时会产生使物体"向外抛出"的力，即离心力。胶带快速转动所产生的离心力作用到绳子上，对下面的塑料瓶产生向上的拉力；胶带转动得越快，产生的离心力越大，拉力也就越大，足够提起塑料瓶了。

纸杯发声器

假如你扔掉了一个只使用过一次的纸杯，那真是太可惜了。因为只要对它稍加改造，它就可以变成一件很不错的"发声器"，一起来试一下吧！

实验材料 纸杯（1个）、大头针（1个）、棉线（1根）、剪刀、回形针（1个）、绒布或其他小布块、装水的杯子（1个，用于把布弄湿）

实验过程

1

在杯子底部中心位置用大头针戳一个可以使棉线穿过去的小洞。

剪大约50cm长的棉线，将棉线穿过杯子底部，然后从杯子内侧拉出来。

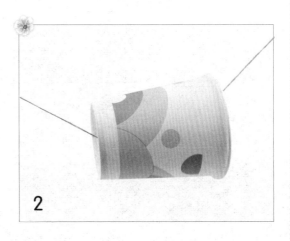

2

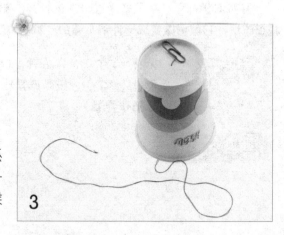

将杯子底部外边的线头系在回形针上，尽量系得牢固一些，保证在拉线另一端的时候不会把线拉出去。

将布浸入水中，然后将多余的水分拧掉。

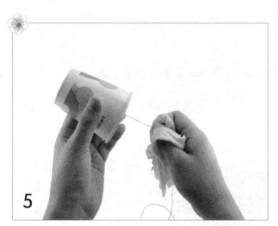

用这块湿布握住杯子内部的绳子，并沿着绳子往下摩擦，就可以制造出声音了。

试着将摩擦的距离增大或减小，"纸杯发声器"的旋律发生了怎样的改变呢？

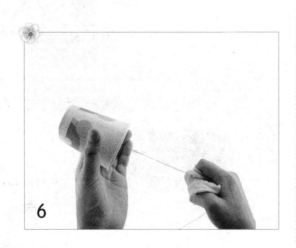

学爸说科学

当湿布摩擦棉线时，引起棉线的振动而发出声音，而纸杯容器放大了这个声音。

烤不爆的气球

把气球放在火上烤会怎样？肯定是"砰——"，爆了！有一种气球却不怕火烤哦。

蜡烛（1盏）、气球（2个）、塑料瓶（1个）、色素（1种）、打火机、水

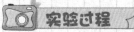

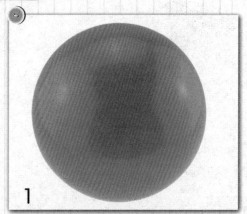

1

吹起一个气球并扎紧口。

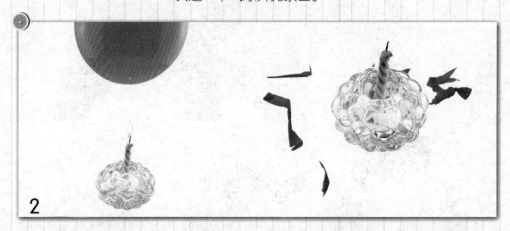

2

把蜡烛点燃，将气球放在蜡烛上，气球瞬间就爆炸了，蜡烛也熄灭了。

向塑料瓶中倒些水，滴入色素。（学爸是为了增强效果，实际操作中可以省略这一步哦。）

再拿一个气球，向气球中倒水，然后吹起气球，扎紧口。

5

将气球有水的区域表面放在蜡烛的火焰上烤，咦？气球居然没有爆哦！

高温会破坏气球壁的结构，因此将气球放在蜡烛上烤，气球瞬间就会爆。而向气球中倒入水后再将气球放在蜡烛上方，火焰通过气球壁"烧水"时，水会通过对流进行热传递，温度高的水上升，温度低的水下降。火焰加热处的气球壁相当于不断受到循环冷却，因此温度不会迅速上升，确保气球壁结构不被破坏，因此气球也就不会爆了。

气球秒变炸弹

如何让气球爆掉？吹爆、扎爆、烤爆……随便一想就有好多种方法呢。技多不压身，学爸再教你一种。

 实验材料　气球（1个）、硬币（1枚）

 实验过程

将硬币放进气球中。

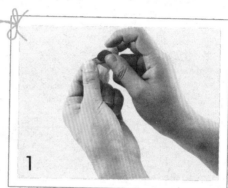

1

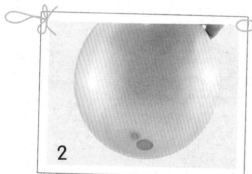

2

将气球吹大，扎紧口。

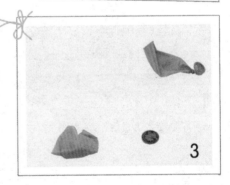

3

让气球从高处落下，落地的一瞬间，气球爆了！

学爸说科学

　　当装有硬币的气球由高处落到地面时，气球里的硬币会撞击气球，将气球的表皮撞出一个长条形的破洞，由于气球已经吹满气，表皮具有弹性张力，在长条形破洞的上、下两端的张力不平衡，因而破洞迅速裂开，气球就爆了。

失踪的硬币

之前用杯子颠倒了世界，这回再玩一个失踪游戏吧，主角是谁呢？

 玻璃杯（1个）、硬币（1枚）、水

1 将一枚 5 角硬币放入杯底。

2 向玻璃杯中倒入水。

平视玻璃杯，你会发现，随着水的缓缓倒入，水中的硬币越来越小，越来越小，直到——消失！

3

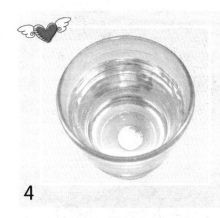

硬币哪去了？站起来俯视玻璃杯看看，哈，原来硬币还在杯子中，都是角度惹的祸呀。

4

学爸说科学

玻璃杯中没有水时，射到硬币的光线通过玻璃和空气直接折射到人的眼睛中，所以能够看见硬币；当玻璃杯中有水时，射到硬币的光线要通过杯中的水，且大部分光线以较大的入射角射向杯子的侧壁，因而发生了全反射。硬币发出的光线又折回水中，从杯口射出，因此平视杯子看不到硬币，而俯视杯子时就能看到硬币了。

惊人的摩擦力

两本交叉叠在一起的书竟然会拉不开了？！这是真的吗？

 实验材料　两本尺寸和页数都差不多的书

 实验过程

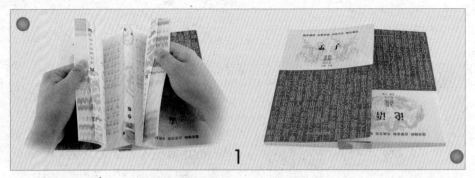

将两本书每隔两三页交叉叠在一起。

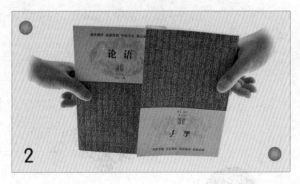

沿水平方向拉这两本书，哇塞，费了好大力，居然拉不开！

学爸说科学

　　纸和纸之间有摩擦力，虽然每两张纸之间的摩擦力并不大，但整本书的纸张之间所产生的摩擦力就很大了。再加上大气压力的作用，会使两张纸紧贴在一起，因此就产生这种现象了。

第四篇

创意DIY

声音三明治

我们每天都能听到美妙的音乐，要想演奏音乐必然少不了乐器。下面我们就来制作一个小乐器——声音三明治。

制作材料　宽扁的雪糕杆（2 根）、吸管（1 根）、橡皮筋（3 个）、剪刀

制作过程

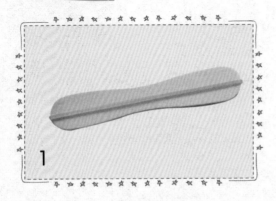

1

将一根橡皮筋横向套在雪糕杆上。

2

剪两段吸管，每段大约长 3cm。

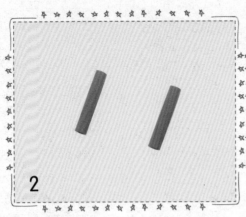

3

将两段吸管分别放在橡皮筋与雪糕杆的中间，并且靠近雪糕杆的末端。

再拿一个雪糕杆放在这个雪糕杆的上部，使吸管被夹在两根雪糕杆的中间。

用橡皮筋将两根雪糕杆两端绑起来。声音三明治就做好了。

两手捏住声音三明治的两端，将嘴巴放到声音三明治的中间，然后吹气，你就能听见美妙的声音了。

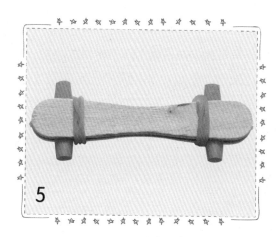

学爸说科学

声音是由物体振动产生的声波，它通过介质来传播。通常我们听到的声音是通过空气传播的。当我们吹这个声音三明治时，大量气体涌入雪糕杆所形成的空间里，使橡皮筋产生振动，振动产生声波，通过空气传到我们的耳朵里。

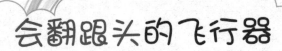

会翻跟头的飞行器

小朋友都折过纸飞机吧？猎鹰、滞空机、距离机……纸飞机的折法有好多种呢。下面学爸教大家做一个会翻跟头的飞行器。

制作材料 彩色纸（1张）、胶带、剪刀

制作过程

用彩色纸剪下一个长方形（长9cm、宽3cm）和两个圆形（直径3cm）。

将长方形纸条折成"Z"形，折边宽 0.5cm。

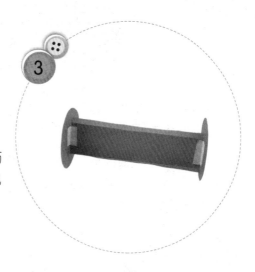

用胶带将两个圆形纸片与"Z"形纸条粘在一起。这个飞行器就做成了。

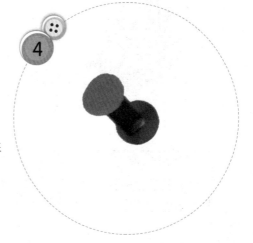

将做好的飞行器抛向空中，咦？它居然会翻跟头！赶快动起手来，看看谁的飞行器飞得更远吧。

学爸说科学

向外投掷飞行器时，手腕带有旋转的初速度，飞行器既向前运动，又容易发生转动。特别是"Z"形结构，在不对称的力矩的作用下容易发生自转。

功夫瓢虫

小朋友一定对瓢虫不陌生吧，瓢虫有好多种，七星瓢虫是益虫，二十八星瓢虫就是害虫哦。不过在学爸实验室里，无论益虫害虫，能飞檐走壁的就是好虫！

制作材料 硬纸板（1张）、粗线（1根）、圆规、吸管、水彩笔、剪刀、双面胶、彩色纸（1张）

制作过程

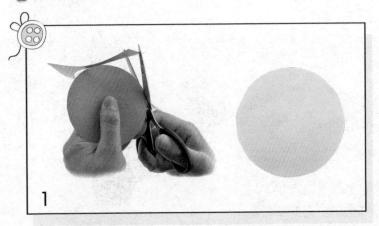

1

在硬纸板上用圆规画出一个圆，剪下这个圆，为了美观，学爸在硬纸板上粘贴了彩色纸。

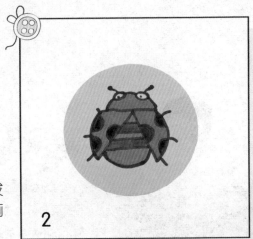

2

在圆形纸板上画一个瓢虫，发挥小朋友画功的时候到了，可以画出你喜欢的瓢虫。

剪两段一边长的吸管（长
度不可超过圆纸板的直径）。

3

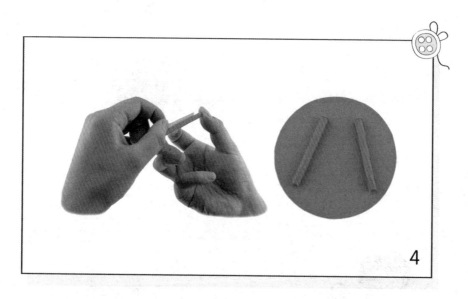

4

用双面胶将两段吸管呈"八"字形粘在圆形纸板的背面，窄的
一边要对应瓢虫的头部哦。

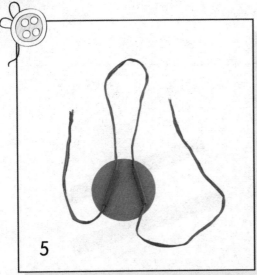

5

将粗线（线的粗细程度
以能穿过吸管并留有一定空
间为宜）穿过两根吸管。

将两根吸管之间的线用
笔钩住，一手抓住线的一端，
拽呀拽，你会看到瓢虫慢慢
地往上爬啦。

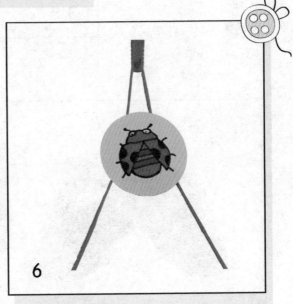

6

学爸说科学

瓢虫为什么能往上爬呢？这都是摩擦力在起作用。
什么是摩擦力呢？就是阻碍物体相对运动的力。

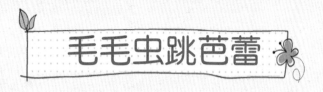

毛毛虫跳芭蕾

什么是毛根？就是一种毛茸茸的条状物，在文具店就可以买到哦。学爸有种方法能让它随着声音跳舞呢。

制作材料   纸杯（1个）、彩纸（1张）、毛根条（1个）、宽胶带、剪刀、美工刀

制作过程

在彩纸上剪出一个圆形纸片，画上笑脸（眼睛要对称哦）。

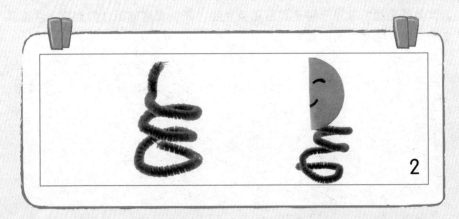

将毛根卷成螺旋形，将
笑脸对折后粘在毛根的一端
（当作毛毛虫的头）。

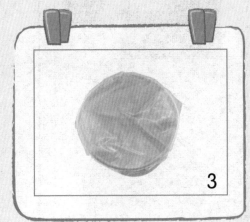

用宽胶带封住纸杯口，要整
个圆面都封起来哦。

在纸杯的侧面中间位置戳一个小口。

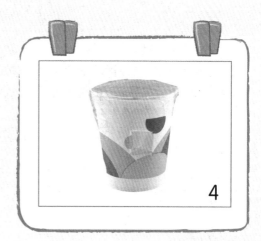

4

倒扣纸杯，将毛毛虫放在纸杯底上。

使劲对着纸杯侧面的口发声，看看会怎么样呢？哇，毛毛虫转起圈圈了，好像跳芭蕾啊！

5

学爸说科学

对着纸杯发声，声音振动产生能量，让纸杯底部也振动，上面的毛毛虫也就跟着振动起来。

小灯笼

中国灯笼又统称为灯彩，是一种古老的中国传统工艺品。每年的农历正月十五元宵节前后，人们都挂起象征团圆的红灯笼，来营造一种喜庆的氛围。后来灯笼在中国就成了喜庆的象征。下面我们就亲手做个小灯笼吧。

制作材料 彩色纸（1张）、彩色卡纸（1张）、笔、剪刀、双面胶、直尺

制作过程

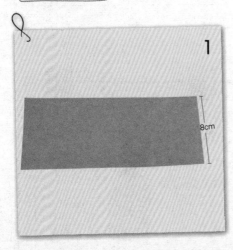

将彩色的卡纸（学爸选择了黄色卡纸）剪下宽 8cm 的长条。

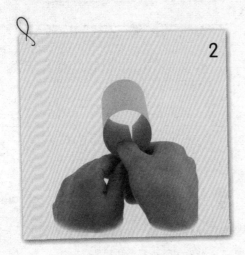

将黄色卡纸条卷成一个纸筒形状。

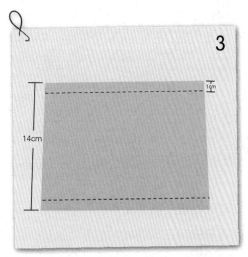

将彩色纸（学爸选择了粉色纸）
剪下一个宽 14cm 的长条。用铅笔分
别在距离两条长边1cm处画一条线。

把粉色纸横向对折，从折痕处
每隔一段距离（大约 1.5cm）向上
剪至画线处。

将裁减后的粉色纸打开，将上下没剪开的部分粘上双面胶，将粉色纸的上下两端分别与黄色纸筒的上下两端对齐并粘贴。

剪一小条黄色卡纸，两端用双面胶粘在黄色纸筒上做成一个拉环。小灯笼是不是很漂亮？

学爸说科学

据历史学家的考证，中国的灯笼是世界上最早发明的便携照明工具。在灯笼的众多造型和形式中，最神奇的是天灯，就是在纸糊的灯状球体下点火，利用热空气上升的原理将其送上夜空，因其造型很像一顶孔明帽，所以又叫"孔明灯"。爸爸们可以和孩子一起做一盏孔明灯哦！

陀螺也疯狂

陀螺是学爸小时候经常玩的玩具，它蕴涵着多少追逐与梦想啊！我们也可以自己动手做陀螺呢。

制作材料 白色硬纸壳、剪刀、圆规（或者任何可以画圆的东西）、火柴棍、锥子、水彩笔

制作过程

1

在白色硬纸壳上画出一个圆（画圆工具是妈妈的化妆品盒）。

用剪刀将画好的圆剪下来。 2

在圆盘上涂上喜欢的颜色（两种或两种以上颜色）。

用锥子在圆的圆心处扎出一个小孔，孔的大小以保证火柴棍能正好插进去即可。

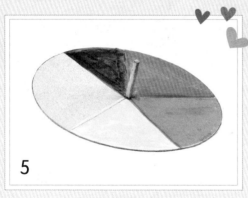

将火柴棍插入圆心处的小孔中，陀螺就做好了。

5

火柴头向下，转动火柴棍，陀螺便转起来了。看看陀螺上的颜色出现了什么变化？

6

学爸说科学

陀螺转动时，视觉暂留的效果会使旋转陀螺上的色彩出现色光混合现象。在两种或两种以上的色光相混合时，会同时或者在极短的时间内连续刺激人的视觉器官，使人产生一种新的色彩感觉。

炫彩拉炮

小朋友们见过那种一拉就有彩纸喷出的拉炮吗？叔叔阿姨的婚礼上都会用到哦！是不是很好玩？现在我们就来做一个玩玩。

 制作材料 气球（1个）、卫生纸纸筒（1个）、彩纸（若干）、彩色胶带、剪刀、双面胶

 制作过程

用彩纸包裹卫生纸纸筒，包裹后的纸筒漂亮多了吧。

1

108

把气球口打结扎紧，剪掉气球顶部。

把剪去顶部的气球套在卫生纸纸筒上，用彩色胶带粘紧，一定要粘牢哦。

外壳做好，现在该装子弹了，我们将彩色纸剪碎，用碎纸屑充当子弹。

卫生纸纸筒开口向上，用力拉扯气球打结部位，松手，"嘭——"碎纸屑就发射出去喽！（将气球抻得越长，拉炮射得越远哦。）

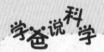 学爸说科学

这个自制拉炮，利用了气球的弹力，将五颜六色的碎纸屑"吹"到了空气中。

温度计

温度计是家庭必备的工具，它的种类繁多，有气体温度计、水银温度计、玻璃管温度计……你知道温度计的工作原理吗？下面就跟着学爸制作一个温度计吧。

 制作材料 橡皮泥、长吸管（1根）、窄口瓶（1个）、玻璃杯（1个）、纸（1张）、水彩笔、色素（1种）、水（冷、热）

 制作过程

往窄口瓶中倒入凉水（不要倒满），然后滴入色素（滴入色素是为了看得更清楚哦）。

准备一块橡皮泥穿在长吸管的下半部分。

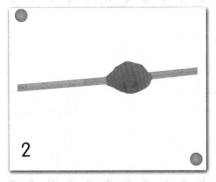

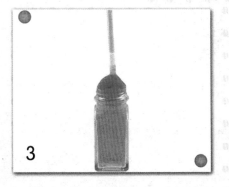

将吸管伸入窄口瓶中，用橡皮泥将窄口瓶的瓶口封上，一定要封严实。当吸管中上升的水位不再下降，就说明瓶口不漏气了。

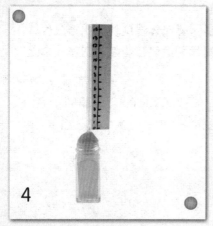

自制一个刻度表，将刻度表粘在吸管上。让刻度表的"0"刻度与吸管中的水位持平。这时，温度计就做好啦。

向玻璃杯中倒入热水（水温高一些，但不要用沸水），将窄口瓶放入热水杯中，观察吸管中水位的变化——水位一点点上升啦。

学爸说科学

温度计是利用固体、液体、气体受温度的影响而热胀冷缩的原理设计而成的。窄口瓶中的冷水因受热（来自于热水杯中的热量）而膨胀，所以水位就上升了。

纸杯走马灯

小朋友们见过用纸杯做的灯吗？更神奇的是，这个灯还会自己旋转哦。

制作材料　纸杯（2个）、回形针（1个）、蜡烛（2根）、彩色胶带、棉线（1根）、大头针（1个）、剪刀、打火机、泡沫胶带

制作过程

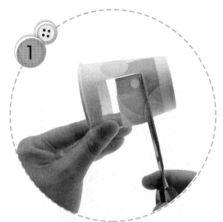

取一纸杯，在杯身对称处各剪开一个方形大口。

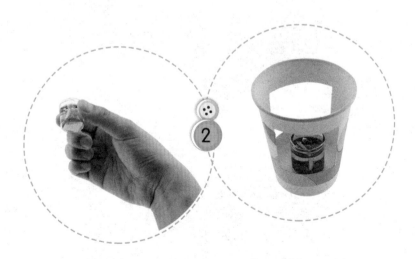

用泡沫胶带将蜡烛固定在杯底（最好是带底座的蜡烛），作为灯的底座。

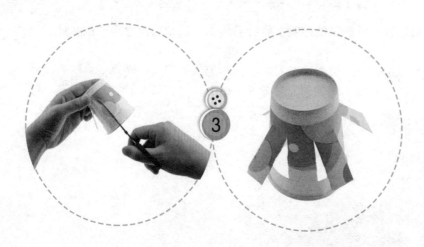

再取一纸杯，在杯身约等距离的位
置剪出三四个长方形的扇叶。

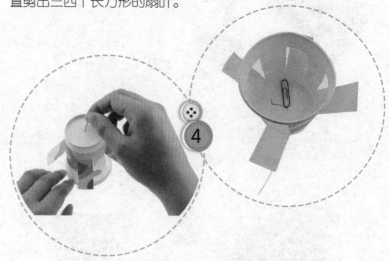

在杯底中心处用大头针钻一个小洞，
穿上棉线，并将棉线在杯中的一端系上回
形针固定，作为灯的上座。

将两个纸杯上下对口用彩色胶带粘好固定，灯的雏形就有了。

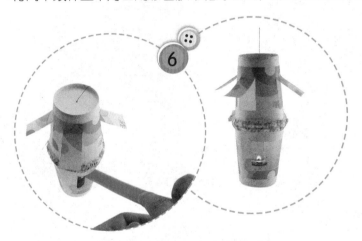

用另一根蜡烛将杯中蜡烛点燃，拉起棉线，可以看见纸杯灯在没有外力作用下开始旋转。

学爸说科学

当点燃蜡烛后，烛火会加热附近的空气，使杯底的空气受热上升，而上方冷空气下降，空气产生流动便形成了风。风沿着上方纸杯的扇叶口流动，便会使纸杯旋转。

魔幻卡

小朋友们都对魔术充满好奇，下面跟着学爸做一回魔术师吧。

制作材料 彩色卡纸（3张）、塑料膜（1块）、直尺、剪刀、彩笔、双面胶、透明胶带

制作过程

1

取一张彩色卡纸（学爸用了紫色卡纸），一端折下一个 2cm 的边，然后将卡纸对折。

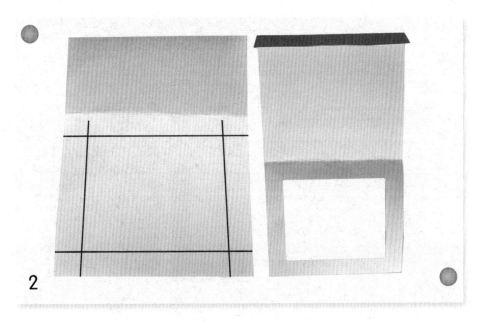

2

在不带有折边的那一面纸上，四周留出 2cm 的边框，剪掉中间部分。

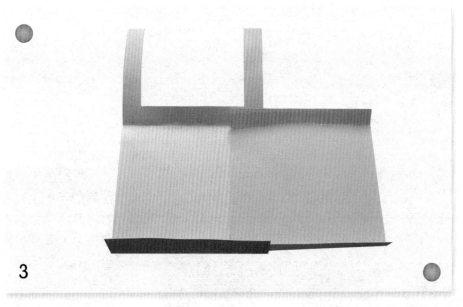

3

再取一张彩色卡纸（学爸选择了粉色卡纸），使其长度与紫色卡纸的宽度相同，将两个长边翻折，使翻折后的粉色卡纸的大小与紫色卡纸对折后相同。

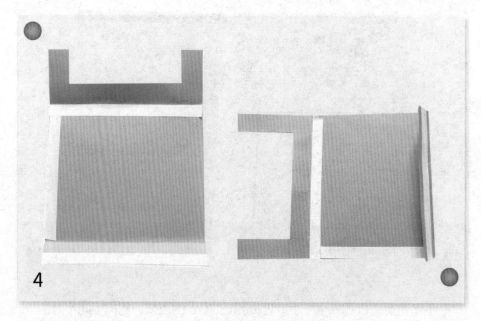

4

在紫色卡纸没有边框那一面的两条边上粘上双面胶，在翻折边的两面都粘上双面胶。

5

将粉色卡纸粘在紫色卡纸上，然后将紫色卡纸对折粘好。（其实，粉色卡纸就是用来隔开紫色卡纸两个对折面的）。于是，魔幻卡的外壳就做好了。

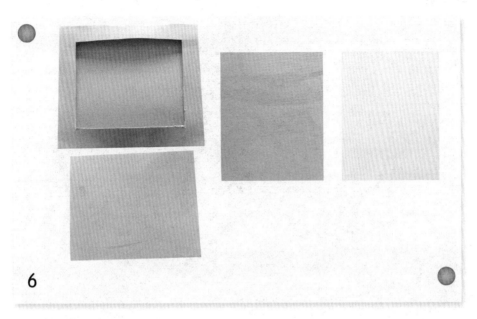

6

再取一张粉色卡纸，将其剪成略小于魔幻卡的大小，再剪一块同样大小的塑料膜。

7

在粉色卡纸上画出想要的图案并涂色，将塑料膜覆在卡纸上，在塑料膜上勾勒出图案的外框。

8

将塑料膜和卡纸的一边用透明胶带粘起来。

9

　　将画有图案的卡纸插在魔幻卡粉色隔层的后面，将塑料膜插在粉色隔层的前面（紧贴魔幻卡边框）。

10

接下来就开始你的表演吧。用手捏住卡纸和塑料膜连接端，插入、抽出，插入、抽出，图案在变化，是不是很好玩？

学爸说科学

这个手工制作应用了障眼法，这是魔术师的常用技法。障眼法就是采用某种方法遮蔽或转移别人视线使其看不清真相的手法。此法有很多的应用，留待爸爸们带领孩子去发掘吧。

图书在版编目（ＣＩＰ）数据

学爸实验室 / 少儿科普教育研究中心主编. -- 哈尔滨：黑龙江科学技术出版社, 2017.6

ISBN 978-7-5388-9188-1

Ⅰ. ①学… Ⅱ. ①少… Ⅲ. ①科学实验 – 青少年读物 Ⅳ. ①N33–49

中国版本图书馆CIP数据核字(2017)第064625号

学爸实验室

XUEBA SHIYANSHI

作　　者	少儿科普教育研究中心	
项目总监	侯　擘　薛方闻	
责任编辑	侯　擘　刘　杨	
封面设计	博鑫设计	
出　　版	黑龙江科学技术出版社	
地　　址	哈尔滨市南岗区建设街41号　　邮　编　150001	
电　　话	（0451）53642106　　传　真（0451）53642143	
网　　址	www.lkcbs.cn　www.lkpub.cn	
发　　行	全国新华书店	
印　　刷	北京强华印刷厂	
开　　本	787 mm × 1092 mm　　1/16	
印　　张	8	
字　　数	60 千字	
版　　次	2017年6月第1版	
印　　次	2017年6月第1次印刷	
书　　号	ISBN 978-7-5388-9188-1	
定　　价	32.80元	